Avant-propos

La question de la sécurité en informatique se pose de la même façon que celle de la sécurité en général. Protection des données, sécurisation des transactions, lutte contre l'usurpation d'identité et protection du matériel contre les attaques virales et le vol sont autant d'éléments à prendre en considération, a fortiori lorsque l'on se déplace.

En effet, en voyageant, nous sortons du réseau privé que constitue notre bureau ou notre domicile. Nous nous exposons alors à ce que l'on appelle les "réseaux publics", moins sécurisés et plus facilement contournables. Or, la multiplication des terminaux (ordinateurs, téléphones, tablettes) nous met en état d'hyper-connexion quasi constante nécessitant une veille adaptée. Une multiplication des plate-formes qui engendre nécessairement une diversification des systèmes d'exploitation. Windows, Android, iOS,... Aucun système n'échappe aux attaques, et si les procédures se révèlent aussi diverses que les systèmes, le principe reste général : il faut savoir veiller à protéger ses données personnelles.

De nombreux logiciels ont été développés pour nous assister dans cette voie, et des analyses et vérifications régulières sont à préconiser pour garder la main autant sur ses appareils que sur la façon dont on les manipule. Il s'agit donc de les avoir en tête et de savoir où, quand et comment les utiliser.

Pour illustrer l'étendue de la cybercriminalité, voici quelques chiffres tirés d'une récente étude à l'échelle mondiale de la société Symantec:
- 431 millions d'adultes connectés à travers le monde ont subi une cyberattaque
- Plus de 2/3 des adultes en ligne ont donc été victimes de cybercriminalité, dont 10 % via leurs appareils mobiles
- Alors que 74 % des sondés se disent au fait des méthodes de cyber sécurité, seuls 41 % d'entre eux utilisent des logiciels de protection actualisés. Un chiffre ramené à 16 % lorsqu'il s'agit de terminaux mobiles

Ce guide s'adresse à toute personne - particulier ou professionnel - désireuse d'acquérir les connaissances suffisantes afin de se protéger, tout au long de son voyage, contre les cybercriminels. Retrouvez tous les conseils et astuces nécessaires à votre bonne protection, aussi bien de vos données que de votre matériel.

Afin de faciliter la lecture et la mise en application de ces différents conseils, ce guide comprend trois parties articulées autour des différentes étapes d'un voyage: *avant* de partir, *pendant* et *après* le voyage.

Ces parties contiennent des recommandations propres à chacune de ces étapes. Vous y retrouverez des « Précautions générales » sous forme de conseils divers, ainsi que des conseils spécifiques pour « Ordinateurs » (PC, Mac, Linux) et « Tablettes / smartphones » (iPad, Android, smartphone).

Enfin un guide simple et pratique pour « Voyager en toute cyber-sécurité »...

Table des matières

- [x] **Avant de partir**
- [ ] Pendant le voyage
- [ ] Après le voyage

Précautions générales

Pas de fichiers sensibles

Qu'il s'agisse d'un voyage d'affaires ou de tourisme, il n'y a, a priori, aucune raison que vous emportiez des fichiers sensibles comme vos relevés bancaires ou encore des albums photo.

Minimisez les inconvénients en réduisant le nombre de documents susceptibles d'être perdus !

Compte Skype® + Crédits

Si vous n'avez pas de compte **Skype,** vous pouvez en créer un gratuitement en quelques clics sur *www.skype.com*. Une fois votre compte créé et l'application installée, vous aurez la possibilité d'acheter du crédit Skype qui vous permettra de passer des appels depuis n'importe quel réseau Wifi (ex : aéroport, hôtel, etc.) en cas d'urgence, même en l'absence de roaming*.

Filtre écran de confidentialité

Vous pouvez protéger des regards indiscrets ce que vous affichez à l'écran de votre ordinateur, tablette ou téléphone en utilisant un filtre qui réduit les angles de vision de l'écran et qui « noircit » les informations en vue latérale.

Les prix s'étalent en moyenne d'une vingtaine à une cinquantaine d'euros pour les dimensions standards. Il est possible de s'en procurer sur de nombreux sites comme *rue ducommerce.fr*, Amazon.fr ou l'*Apple Store*.

Etui anti-RFID/NFC

La technologie NFC (communication en champ proche), dont sont dotés la plupart des cartes (cartes bancaires, cartes de transport, mais aussi les derniers passeports) ainsi que les tablettes et smartphones et la radio-identification (technologie RFID) favorisent toutes deux le transfert de nos données à distance, même en mode passif.

Afin de bloquer tous ces signaux dits « contactless » (sans contact), il est possible de se procurer des étuis spéciaux appelés anti RFID/NFC. Ces étuis sont conçus pour stopper les ondes émises par les puces sur les fréquences de communication sans contact et sur celles utilisées par la téléphonie mobile.

De nombreuses sociétés proposent des étuis de toutes sortes et de différentes matières, comme par exemple **Identity Stronghold** (*idstronghold.com*), **PacknBoard** (*packnboard.com*) ou encore **Eka** (*eka.fr*). Il est également possible d'en trouver sur Amazon ou eBay.

***Roaming :** L'itinérance ou roaming (anglicisme) [...] décrit la faculté de pouvoir appeler ou être appelé via le réseau radio d'un opérateur mobile autre que le sien.*

Localisateur

Ce petit gadget, à accrocher à son trousseau de clés par exemple, vous permettra de retrouver facilement vos objets perdus.
Orientez-vous sur des localisateurs tels que le **StickNFind** (*sticknfind.com*) ou encore le **Tile** (*thetileapp.com*).

Service « e-Carte Bleue »

L'e-Carte Bleu est un service bancaire qui vous permet d'effectuer des achats sur Internet en toute sécurité et sans avoir besoin de communiquer votre vrai numéro de carte de crédit.
Le principe est simple : lors de chaque achat, votre banque vous transmet en temps réel un e-numéro à usage unique. L'e-numéro ne circule pas sur Internet, vous en choisissez la durée de validité et il est utilisable sur la plupart des sites e-commerce acceptant le paiement par carte bancaire, en France comme à l'étranger.
Ce service est en général accessible en version logicielle (une application à installer sur votre ordinateur) et en version nomade (en vous connectant sur le site e-Carte Bleue). Vous aurez accès à tous les renseignements auprès de votre banque.

Scan de pièces d'identité

En cas de perte ou de vol, avoir une copie de vos documents importants vous facilitera les démarches. Pensez donc à scanner: carte d'identité, passeport, permis de conduire ainsi que tout autre document qui vous semble important.
Envoyez-les vous par e-mail de façon à y avoir accès si besoin est, au cours de votre voyage. Vous supprimerez ces copies dès votre retour à votre domicile.

Service Ariane

S'il s'agit d'un voyage potentiellement à risque, le ministère des Affaires étrangères vous permet de vous signaler gratuitement et facilement grâce au service **Ariane** (*pastel.diplomatie.gouv.fr/fildariane/*) qu'il a mis en place.
Après avoir saisi vos données, vous recevrez des recommandations de sécurité par SMS ou e-mail et vous serez contacté en cas de crise dans votre pays de destination et pourrez désigner une personne à prévenir en cas de besoin. Vous pouvez également télécharger l'application «**Conseils aux voyageurs HD** » afin de connaitre les informations officielles du (des) lieu(x) de vos vacances.

Assurance + Assistance voyage

Toutes deux indispensables, elles vous seront d'un grand soutien en cas de problème. Assurance et assistance, contrairement à ce que l'on pourrait penser, sont complémentaires. L'assurance, concerne les biens et les changements de dernière minute, alors que l'assistance a plus vocation à prendre en charge les interventions en terme de santé (des frais médicaux jusqu'au rapatriement).
Il est donc crucial de bien vous prémunir et de ne pas croire que les assurances associées à votre carte bancaire suffisent ! Vous trouverez de nombreuses offres et formules, consultables auprès d'organismes comme **Mondial Assistance** (*mondial-assistance.fr/*), **Avi International** (*avi-international.com*) ou encore **Europ Assistance** (*europ-assistance.fr*). Toutefois attention aux doublons.

Législation locale

Il est très important de connaitre et respecter scrupuleusement la législation de votre pays de destination. Renseignez-vous sur les administrations et organismes locaux pour tout recours éventuel.

Vous trouverez toutes les informations et coordonnées utiles classées par pays sur le site du Ministère des Affaires Etrangères (diplomatie.gouv.fr).

Numéros d'urgences

Prenez donc le temps d'établir la liste de tous les numéros utiles des personnes et organismes que vous pourriez être amené à contacter en cas de situation d'urgence, cette liste vous fera gagner un temps précieux. Elle doit notamment inclure les numéros suivants:

- ✓ Centre d'opposition pour votre carte bancaire
- ✓ Assurance/assistance
- ✓ Fournisseur télécom pour votre téléphone portable
- ✓ Quai d'Orsay
- ✓ Centres hospitaliers, commissariats et ambassades/consulats les plus proches de vos lieux de vacances
- ✓ Numéros (avec indicatif international) des personnes à appeler en cas d'urgence
- ✓ Contacts sur place et ceux pouvant intervenir près de chez vous

Proches informés de votre voyage

Prévenez vos proches de vos dates de voyage et laissez-leur un moyen de vous contacter si possible (ex : email, Skype®,…). Cette précaution s'avèrera utile en cas de problème ou d'usurpation d'identité.

Monnaie en espèce

Dans le cas où vous auriez des nécessités immédiates à votre arrivée, prenez soin d'avoir avec vous une somme minimale, en espèces, de la **devise locale**.

Prenez également une somme de substitution en **dollar US** dans l'éventualité où vous feriez une escale imprévue dans un autre pays.

Pas de bagage sans surveillance

C'est une consigne qui peut paraitre évidente, mais il suffit parfois de quelques secondes pour se faire dérober ses bagages. Gardez donc toujours, autant que possible, un œil dessus afin de vous préserver d'un vol ou d'une usurpation. Rajoutez également une information relative à la propriété ainsi que votre adresse email, sur chacun de vos bagages.

Cadenas

Cela vous permettra de verrouiller tous vos bagages, surtout lorsque vous êtes contraint de les laisser sans surveillance (ex : chambre d'hôtel,…). Choisissez des cadenas à code plutôt qu'à clé et privilégiez la fonctionnalité au design.

Même s'il ne s'agit pas d'une protection à toute épreuve, cette précaution présentera l'avantage d'être dissuasive.

Signe distinctif

Collez ou placez un signe distinctif (ex : pastille autocollante, stickers…) sur vos effets, ce qui vous permettra de les identifier rapidement.

Ordinateur

Mise à jour du Système d'exploitation

Paramétrez votre système d'exploitation (ex: Windows, Mac, Linux) pour une vérification automatique des mises à jour. Concernant Windows, il faut savoir que Microsoft publie, chaque deuxième mardi du mois – « Patch Tuesday » – de nouvelles mises à jour. Elles permettront de corriger des failles de sécurité mais également d'améliorer certaines fonctionnalités.

Redémarrez régulièrement votre ordinateur afin d'appliquer certaines mises à jour

Mise à jour des applications

Vérifiez la présence de mises à jour pour les applications installées sur votre ordinateur.

Des applications permettant une vérification automatique existent, comme celles indiquées ci-dessous :

Logiciel	Licence	Windows	Mac	Linux
FileHippo Update Checker (filehippo.com/updatechecker/)	Gratuit	✓		
Synaptic (nongnu.org/synaptic)	Gratuit			✓
AppFresh (metaquark.de/appfresh/mac)	Gratuit		✓	

Vérifiez également que vous utilisez bien les derniers pilotes (par exemple pour l'imprimante, la webcam, etc).

Anti-virus

Il est recommandé d'avoir un anti-virus, quelque soit votre système d'exploitation.
Il existe de nombreux anti-virus, gratuits et payants.

Voici une sélection d'anti-virus les plus complets (performants dans la détection de virus + peu demandeur de ressources système) actuellement disponibles sur le marché :

Logiciel	Licence	Windows	Mac	Linux
Symantec Norton™ AntiVirus (fr.norton.com)	$	✓	✓	
AVG Free (avgfree.com)	Gratuit	✓	✓	✓
Bitdefender (bitdefender.fr/)	Gratuit	✓	✓	✓

Lancer régulièrement un scan anti-virus complet du système et des dossiers (en moyenne 1 fois par semaine).
Avant de partir, procédez à un scan complet pour vous assurer qu'il n'y a aucun dossier ou fichier infecté sur votre ordinateur.

Anti-malwares

Un anti-malwares viendra compléter la protection apportée par un anti-virus en se focalisant sur les logiciels espions et malveillants.

Vous pouvez par exemple utiliser des logiciels tels que :

Logiciel	Licence	Windows	Mac	Linux
Microsoft Malicious Software Removal Tool (microsoft.com/security)	$	✓		
Malwarebytes (malwarebytes.org)	Gratuit	✓		
AppFresh (metaquark.de/appfresh/mac)	Gratuit			✓

Il est recommandé également de lancer régulièrement un scan anti-malwares complet (1 fois par semaine).

Firewall

Activer le firewall permettra un filtrage de sécurité supplémentaire, notamment en contrôlant le flux des données transitant entre un ordinateur connecté et le réseau de connexion.

Données personnelles

Vos données dites « sensibles » comme vos documents administratifs, photos, etc, sont des données qu'il faut avoir en double afin d'éviter leur perte (causée notamment par une panne du disque dur de l'ordinateur, un virus ou encore un vol).

Parallèlement à la sauvegarde, il est également conseillé de crypter (chiffrement) vos données. Le cryptage permet de réserver l'accès des fichiers aux seules personnes possédant le mot de passe ou la « clé de chiffrement ». Autrement dit, il s'agit de protéger la lecture des données importantes ; on peut donc les organiser selon deux solutions:

1ʳ solution

Enregistrement des données dans un répertoire crypté puis synchronisation de celui-ci avec un disque dur externe lui-même crypté.

Vous pouvez opter également pour des sauvegardes sur disques Blu-Ray, leur durée de vie moyenne est d'environ 40 ans et ils présentent l'avantage d'être moins fragiles que les disques durs (à tête de lecture).

Vos sauvegardes seront ensuite à stocker en lieu sûr.

Avantage:
- Possession unique des données

Inconvénient:
- Stockage des sauvegardes souvent sur un même lieu géographique

Vous pouvez par exemple utiliser les logiciels suivants:

Fonction	Logiciel	Licence	Windows	Apple	Linux
Encryption	Truecrypt Tcnext (truecrypt.ch)	Gratuit	✓	✓	✓
	AES Crypt™ (aescrypt.com)	Gratuit	✓	✓	✓
	Synkron (synkron.sourceforge.net/)	Gratuit	✓	✓	✓
Synchronisation	SyncBackFree (2brightsparks.com/freeware/)	Gratuit	✓		
	Fullsync (fullsync.sourceforge.net/)	Gratuit	✓		
Gravage Blu-Ray	Tiny Burner (tinyburner.com)	Gratuit	✓		
	Roxio Toast 11 Titanium (roxio.com)	$		✓	

2ᵉ solution

Enregistrement des données dans un répertoire crypté puis synchronisation de ce répertoire avec « le Cloud ».

Certains logiciels permettent le cryptage des données avant la synchronisation.

Avantage:

- Sauvegardes accessibles depuis partout dans le monde

Inconvénient:

- Stockage des données par une société tierce

Vous pouvez par exemple utiliser les logiciels suivants:

Fonction	Logiciel	Licence	⊞		🐧
Encryption	Truecrypt Tcnext (truecrypt.ch)	Gratuit	✓	✓	✓
	AES Crypt™ (aescrypt.com)	Gratuit	✓	✓	✓
Synchronisation sur le Cloud	iCloud (icloud.com)	$		✓	
	Dropbox (dropbox.com/)	Gratuit	✓	✓	✓
	Safebox(Dropbox+cryptage) (safeboxapp.com/)	Gratuit	✓	✓	
	Sparkleshare (sparkleshare.org/)	Gratuit	✓	✓	

Mots de passe complexes

Un mot de passe est considéré comme complexe, ou « fort », lorsqu'il est suffisamment long (6 à 8 caractères) et qu'il comporte un mélange de chiffres et de lettres, elles-mêmes en minuscules et en majuscules (par exemple : ihd25trSUP).

Il est important de changer régulièrement de mot de passe, dans le cas où quelqu'un y aurait eu accès. Pensez à vérifier l'e-mail de secours ou la réponse à la question secrète avant de changer de mot de passe.

Coffre-fort numérique

Un coffre-fort numérique est très utile pour stocker vos nombreux mots de passe.

Vous pouvez par exemple utiliser les logiciels : **Passpack** (*passpack.com/*), **Keepass** (*keepass.info/*) ou encore **Bitdefender Total Security** (*bitdefender.fr*)

Effectuez régulièrement des sauvegardes (cryptées) de votre base de mot de passe.

Le logiciel **1password** (*agilebits.com/onepassword*) propose quant à lui, de vous authentifier sur vos différents sites grâce à un mot de passe unique.

Logiciel VPN

La technologie VPN (réseau privé virtuel) va vous permettre de naviguer sur internet librement et en toute sécurité grâce à un système de tunnellisation.

Pour résumer, toutes les données qui entrent et qui sortent de l'ordinateur, du téléphone ou de la tablette sont cryptées donc (théoriquement) indéchiffrables.

Cette technologie s'avèrera très utile, voire indispensable notamment lorsque vous vous connecterez à un réseau public (dit « non digne de confiance ») tel qu'un aéroport, une gare, un hôtel, etc.

Logiciel	Licence	⊞		🐧
SecurityKiss (securitykiss.fr/)	Gratuit	✓	✓	✓
VyprVPN (goldenfrog.com/vyprvpn)	$	✓	✓	✓
CyberGhost VPN (cyberghostvpn.com)	$	✓	✓	✓

Logiciels divers

Installez les différents logiciels que vous aurez à utiliser durant votre voyage.

Cela vous évitera d'avoir à le faire à l'extérieur et vous permettra de prendre le temps d'effectuer les installations sur un réseau privé et entièrement sécurisé.

Clés USB

Emportez une ou deux clés USB avec vous afin de pouvoir transmettre ou récupérer des documents « hors-réseau ».

Le fait d'utiliser vos propres clés USB minimise également les risques d'infection.

Plugin Web Of Trust

Le plugin **Web Of Trust** *(mywot.com)* est une extension du navigateur internet qui permet de connaître l'indice de confiance d'un site.

Plugin HTTPS Everywhere

Le plugin *HTTPS Everywhere* (*eff.org/https-everywhere*) chiffre toutes les données lors de vos connexions avec les sites Web (lorsque le site est compatible) afin de s'assurer que personne ne puisse les intercepter.

Plugin NoScript Security Suite

Installer le plugin **NoScript Security Suite** (Firefox), **noscript** (Chrome) ou équivalent afin de bloquer toute exécution de script lorsque vous surfez sur des sites.

Traçage géographique

En cas de perte ou de vol de votre ordinateur, l'installation au préalable d'un logiciel de traçage donnera des indications précieuses aux autorités compétentes.
Voici une sélection de logiciels: **Undercover®** (*orbicule.com/undercover/*), **Notrton Anti-Theft®** (*antitheft.norton.com/*) ou, **Lojack®** (*lojack.absolute.com/en/products/absolute-lojack*) ou encore le service **iCloud®** d'Apple.

Complément de sécurité Trusteer®

Idéale en complément d'une protection antivirus, **Trusteer** (*trusteer.com*) est une application qui vous permet de vous protéger lorsque vous vous connectez à votre banque.

Cette application va permettre de bloquer des tentatives de fraudes et de vol d'identité sur votre compte bancaire. Elle sécurise spécifiquement la connexion à vos comptes et assure la confidentialité de vos données bancaires.

Ne pas « Sauvegarder mon mot de passe »

Après vous être authentifié sur un site, certains navigateurs internet vous proposent de sauvegarder vos mots de passe.
Eviter cette fonctionnalité car ces derniers seront stockés sur votre ordinateur de manière non cryptée.

Téléphone/ Tablette

Mises à jour du système et des applications

De même que pour votre ordinateur, vérifiez régulièrement que vous avez bien les dernières mises à jour; sinon appliquez-les.

Cette précaution s'impose tout particulièrement à la veille d'un déplacement.

Activation des verrouillages

Mettez un code PIN au démarrage de votre appareil et activez le schéma de verrouillage afin d'en restreindre l'accès. Vous aurez généralement la possibilité d'appliquer une reconnaissance faciale dans certains appareils.

Anti-virus

Il s'agit d'une précaution, car il y a peu de chances d'être infecté par un virus si votre telephone/ tablette est à jour et que vos applications ont été téléchargées via l'Appel Store ou le Google Play. Cela reste néanmoins à prendre en considération.

Logiciel	Licence		
Norton™ AntiVirus (fr.norton.com)	Gratuit	✓	✓
Avast Free Antivirus 2014 (avast.com)	Gratuit	✓	✓
Lookout Antivirus & Sécurité (lookout.com)	Gratuit/ $	✓	✓

Complément de sécurité Trusteer® Mobile (IOS + Android)

Idéale en complément d'une protection antivirus, **Trusteer Mobile** (*trusteer.com*) est une application qui vous permet de vous protéger lorsque vous vous connectez à votre banque.

Cette application va bloquer des tentatives de fraudes et de vol d'identité sur votre compte bancaire. Elle sécurise spécifiquement la connexion à vos comptes et assure la confidentialité de vos données bancaires.

Clueful Privacy Advisor (IOS + Android)

L'application **Clueful Privacy Advisor** (*cluefulapp.com*) est une solution gratuite, développée par la société **Bitdefender**, qui permet de suivre l'activité des applications installées sur votre appareil, et notamment l'utilisation réelle qu'elles ont de vos données privées.

L'application examine les applications sur votre smartphone ou tablette et note sur une échelle de 100 le niveau de protection de votre appareil. Vous êtes de plus, immédiatement informé lorsque des applications ont des comportements abusifs.

Bankin' (IOS + Android)

Bankin' (*bankin.com*) ne permet pas d'effectuer d'opérations bancaires mais propose une surveillance de vos comptes. Vous êtes ainsi prévenus avant un découvert ou lorsqu'une transaction anormale est détectée sur l'un de vos comptes.

Compatible avec la quasi-totalité des banques françaises et avec vos comptes personnels et professionnels, cette application gratuite synchronise quotidiennement l'ensemble de vos comptes bancaires.

Géolocalisation GPS*

Avec le Gestionnaire d'appareils, Android (*google.com/android/devicemanager*) ou iCloud pour les appareils Apple (*apple.com/au/icloud/find-my-iphone.html*), vous pourrez retrouver votre téléphone/ tablette en cas de perte et paramétrer certains autres éléments comme le verrouillage, l'effacement des données, l'envoi d'un message en cas de vol.

Vous pourrez ainsi aider les autorités compétentes à localiser votre appareil.

* GPS (Global Positioning System) est un système de géolocalisation fonctionnant au niveau mondial

Logiciel VPN

La technologie VPN (réseau privé virtuel) va vous permettre de naviguer sur internet librement et en toute sécurité grâce à un système de tunnellisation. En résumé, toutes les données qui entrent et qui sortent de l'ordinateur, du téléphone ou de la tablette sont cryptées donc (théoriquement) indéchiffrables.

Cette technologie s'avèrera très utile voir indispensable notamment lorsque vous vous connecterez à un réseau public (dit « non digne de confiance ») tel qu'un aéroport, une gare ou un hôtel.

Logiciel	Licence		
VPNBook (vpnbook.com)	Gratuit	✓	✓
VyprVPN (goldenfrog.com/vyprvpn)	$	✓	✓
CyberGhost VPN (cyberghostvpn.com)	$	✓	✓

Numéro IMEI

Le numéro IMEI (*International Mobile Station Equipment Identity*) est l'identifiant unique de votre téléphone. Il vous sera nécessaire si vous souhaitez faire bloquer votre téléphone par votre opérateur en cas de perte ou de vol.

Cet identifiant est accessible en composant le ***#06#** depuis votre téléphone et est aussi généralement inscrit sur la boîte d'emballage de votre appareil. Notez le.

Afficher la propriété de votre appareil

Indiquez visiblement vos nom, prénom, adresse, e-mail sur un sticker pour que l'appareil vous soit retourné en cas de perte.

 Avant de partir

 **Pendant le voyage**

 Après le voyage

Précautions générales

Séparez vos sources d'argent

Veillez à ne pas conserver tout votre argent (espèces, cartes de crédit...) au même endroit, ne prenez jamais tout avec vous, utilisez des accessoires de discrétion (ceinture spéciale, sacoche spéciale à porter autour du cou, etc.).

Gare à vos sacs

Conservez vos sacs et sacoches toujours bien fermés lorsque vous sortez, ne les laissez pas sur des chaises à côté de vous lorsque vous vous asseyez, utilisez des sacs à bandoulière à porter en transversal plutôt que sur l'épaule, évitez les sacs à dos dans les foules ou n'y mettez rien d'important.

Vérifiez également vos bagages dès leur réception à l'aéroport afin de vous assurer qu'ils n'auraient pas été détériorés ou ouverts sans autorisation.

Coffre-fort

Les hôtels disposent souvent de coffre-fort dans les chambres. Laissez-y vos bijoux, un peu d'argent en cas de besoin et la copie de vos documents importants.

Bagages cadenassés

Si vous avez à laisser vos bagages sans surveillance, verrouillez-les avec vos cadenas.

Codes secrets à l'abri des regards

Protégez-vous de tout regard indiscret lorsque vous composez vos codes (téléphone, ordinateur, distributeur de billets,...)

Évitez de trop souvent déverrouiller vos appareils, rassemblez vos moments d'intervention sur vos appareils pour limiter les occasions de capter vos codes secrets, mettez-vous dans des endroits discrets et prenez la mesure des risques alentour.

Paiement par carte

Le code secret de votre carte bancaire n'étant pas systématiquement requis lors d'un achat dans tous les pays, le niveau de sécurité de votre carte peut être alors abaissé.

Aussi, ayez toujours l'œil sur votre CB, notamment lorsque le terminal de paiement est éloigné du comptoir.

Consultations de vos emails

Préférez votre chambre d'hôtel pour les consultations de vos emails, cela vous protègera des regards indiscrets, des caméras, etc.

Premières démarches en cas de vol

En cas de vol de vos affaires, répertoriez ce qui vous a été volé, portez plainte auprès des autorités locales, contactez votre assurance et informez votre ambassade de la situation.

Ordinateur

Anti-virus et Firewall: check OK

Vérifiez que votre anti-virus soit activé, ainsi que votre firewall.

Ne vous connectez à aucun réseau Wifi public ni ne commencez aucune navigation internet sans cette précaution.

Système à jour

Après vous être connecté à internet, vérifiez la présence éventuelle de mises à jour de votre système d'exploitation ainsi que de vos applications.

Il est important d'utiliser un système à jour afin de bénéficier des derniers correctifs de sécurité ainsi que des dernières améliorations.

Désactivation des technologies sans fil inutiles

Pensez à désactiver le Wifi, Bluetooth ou autres technologies sans fil si vous ne les utilisez pas. Ces moyens de communication sans fil activés sont autant de « portes ouvertes» pour un cyber-criminel.

Leur désactivation permettra également d'économiser l'autonomie de votre batterie.
Le mieux est encore d'éteindre votre ordinateur lorsque vous ne vous en servez pas.

Connexion manuelle à un réseau Wifi

Préférez une connexion manuelle à un réseau Wifi afin d'éviter automatiquement d'être connecté à votre insu.

Désactivez le partage de fichiers

Il est inutile de laisser actif le service de partage de fichiers si vous n'avez pas l'intention d'utiliser cette fonctionnalité. Pensez à désactiver ce service.

Connexion VPN

Lancez votre connexion VPN afin de crypter vos données lorsque vous vous connectez à un réseau public.

Si vous avez suivi nos conseils « Avant de partir », vous avez normalement un logiciel vous permettant d'avoir ce type de connexion déjà installé sur votre ordinateur.

Données personnelles

Evitez de transmettre des «données personnelles» lorsque vous vous connectez sur un réseau Wifi public.

Utilisez autant que possible des protocoles sécurisés, comme l'HTTPS. Vous pouvez activer l'application **HTTPS Everywhere** qu'il vous a été conseillé d'installer dans la rubrique « Avant de partir».

Mot de passe

Prenez des précautions à la saisie de votre mot de passe. Si vous n'êtes pas seul et que vous devez rentrer un mot de passe, saisissez-le dans le désordre. Par exemple, commencez par le 3e caractère et, une fois arrivé à la fin, revenez au début avec la souris pour insérer les 2 premiers caractères manquants.

Cette astuce permettra de brouiller les pistes si jamais vous êtes victime de « shoulder surfing » (lorsqu'une personne regarde par-dessus votre épaule) afin de capter vos informations personnelles, mais également si un logiciel de type « keylogger » (logiciel espion détecteur de frappe) a été installé sur votre ordinateur public.

Ordinateur verrouillé

Attention à ne pas laisser votre session ouverte si vous vous absentez. Programmez la mise en veille rapide dans les réglages, et n'utilisez-la que si vous avez à revenir sur l'ordinateur dans un court laps de temps, sinon éteignez-le.

N'oubliez pas de ne jamais laisser votre ordinateur sans surveillance dans un lieu public.

Accessoires abandonnés

Qu'il s'agisse de clé USB, disque dur externe, ou tout autre appareil, ne les branchez jamais si vous ne connaissez pas la source, ils peuvent contenir des virus/malwares. Programmez par ailleurs votre antivirus pour qu'il scanne automatiquement tout appareil connecté. Refusez sa connexion s'il détecte quoi que ce soit.

Scan anti-virus de fichier

Lorsque vous avez un doute quant à la provenance d'un fichier (ne provenant pas d'une source officielle par exemple), scannez le depuis votre anti-virus ou utilisez un service comme **Virus Total** (*virustotal.com*), service en ligne gratuit, qui facilite la détection rapide des virus.

Informations bancaires

Ne vous connectez pas à un compte bancaire et ne transmettez jamais vos informations de carte bancaire lorsque vous êtes connecté à un réseau public.

Ces réseaux sont dits « non de confiance » et vos informations personnelles pourraient être interceptées.

Surfez en mode « Navigation privée »

Il est important de limiter les traces que vous laissez lorsque vous voyagez. Cela vous permettra d'éviter d'être victime d'usurpation d'identité ou de vols de données.
Avant de surfer sur internet, passez en mode « Navigation privée » (ou « Anonymat ») au travers de votre navigateur internet. Ce mode permet qu'aucun historique de votre navigation ne soit conservé. Si vous avez oublié de le faire, pensez à effacer vos traces en supprimant l'historique.

Sachez que vous pouvez également paramétrer votre navigateur de façon à ce qu'il supprime automatiquement votre historique à la fermeture de la fenêtre du navigateur.

Déconnexion des sites

Ne vous contentez pas de simplement fermer la fenêtre de navigation mais déconnectez-vous des sites sur lesquels vous vous êtes connectés. En effet, certains sites web gardent votre session active même en ayant fermé la page.

Faites place nette

Ne quittez jamais un ordinateur public (ou une borne) sans avoir bien veillé à ce que tout soit correctement fermé ou déconnecté.

Téléphone/ Tablette

Connexion VPN

Lancez votre connexion VPN afin de crypter vos données lorsque vous vous connectez à un réseau public.

Si vous avez suivi nos conseils « Avant de partir », vous avez normalement un logiciel vous permettant d'avoir ce type de connexion déjà installé sur votre ordinateur

Branchement sur une borne publique

Évitez de brancher votre téléphone/ tablette sur n'importe quel périphérique inconnu type borne publique, appareil de musculation, ordinateur en libre accès, etc. Pensez qu'il y a toujours un risque d'infection virale, de transfert de programmes malicieux ou encore de surtension.

Pour recharger votre téléphone/ tablette, utilisez votre ordinateur personnel ou un port d'attache directement branché au mur.

Désactivation des technologies sans fil inutiles

Pensez à désactiver le Wifi, Bluetooth ou autres technologies sans fil si vous ne les utilisez pas. Ces moyens de communication sans fil activés sont autant de « portes ouvertes» pour un cyber-criminel.

Leur désactivation permettra également d'économiser l'autonomie de votre batterie.

Connexion manuelle à un réseau Wifi

Préférez une connexion manuelle à un réseau Wifi afin d'éviter automatiquement d'être connecté à votre insu.

Information bancaire

Ne vous connectez pas à un compte bancaire et ne transmettez jamais vos informations de carte bancaire lorsque vous êtes connecté à un réseau public.

Ces réseaux sont dits « non de confiance » et vos informations personnelles pourraient être interceptées.

Code de déverrouillage à l'abri des regards

Vérifiez autour de vous avant de composer votre code ou schéma de déverrouillage. Mettez-vous à l'abri des regards indiscrets. Si vous n'êtes pas seul et que vous devez rentrer un mot de passe, composez- le dans le désordre. Par exemple, commencez par le 3e caractère et, une fois arrivé à la fin, revenez au début avec la souris pour insérer les 2 premiers caractères manquants.

Cette astuce permettra de brouiller les pistes si jamais vous êtes victime d'une personne qui regarde par-dessus votre épaule (technique du « shoulder surfing »), ou même si un logiciel espion est en train d'enregistrer vos frappes clavier.

Mode « Avion »

Mettez-vous en mode « Avion » si vous traversez une longue zone de non couverture réseau afin d'économiser de la batterie. Dans le cas contraire, votre appareil sera en recherche constante de réseau, ce qui est très consommateur d'énergie.

Les Widgets (petites applications se trouvant au niveau de l'écran d'accueil) consomment eux aussi beaucoup de batterie.

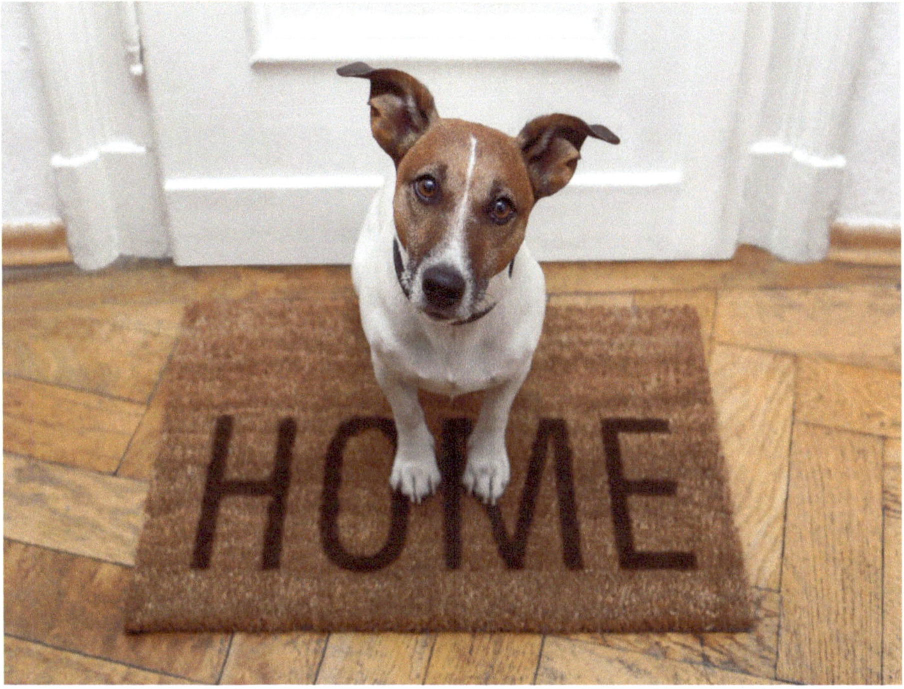

☑ Avant de partir

☑ Pendant le voyage

☑ **Après le voyage**

Précautions générales

Inventaire des affaires

Afin de vous assurer que rien ne manque, faites un inventaire de vos appareils, périphériques, fichiers informatiques sensibles, etc.

Historique bancaire

Vérifiez régulièrement l'historique de votre compte bancaire durant les semaines qui suivent votre retour de voyage. N'hésitez pas à entrer en contact avec votre banque si vous détectez une opération ou une activité anormale.

Destruction des documents

Détruisez tous les documents dont vous n'avez plus besoin. Ne vous contentez pas seulement de les jeter car ils pourraient être récupérés par une autre personne.

L'usage d'un Shredder est recommandé pour plus de sécurité, car il permet une destruction minutieuse.

Suppression des emails contenant vos papiers d'identités

En première partie de ce guide, nous vous avons conseillé de vous envoyer par email vos documents administratifs afin d'avoir une copie de sauvegarde en cas de perte ou de vol. Votre voyage étant terminé, pensez à supprimer ces emails de votre messagerie (corbeille comprise).

Ordinateur

Scan anti-virus

Lancez un scan anti-virus et anti-malwares de votre ordinateur et des périphériques que vous avez connectés durant votre voyage.

Un scan complet est préférable à un scan rapide qui lui, ne fera qu'une analyse succincte de votre ordinateur.

Système à jour

Vérifiez la présence éventuelle de mises à jour de votre système d'exploitation ainsi que de vos applications.

Il est important d'utiliser un système à jour afin de bénéficier des derniers correctifs de sécurité ainsi que des dernières améliorations.

Changez vos mots de passe

Qu'il s'agisse de votre session utilisateur ou de vos comptes auxquels vous vous êtes connectés en déplacement, pensez à changer vos mots de passe, et à renseigner ces derniers au niveau de votre « coffre-fort » numérique (voir « Avant de partir »)

Assurez-vous également d'avoir renseigné une adresse de secours ou d'avoir connaissance de la *réponse à la question secrète* avant de réinitialiser votre mot de passe.

Désinstallez les logiciels inutiles

Les logiciels sont consommateurs de ressources (ex : espace disque, mémoire, processeur) et sont surtout source de vulnérabilités, d'où l'importance de les désinstaller lorsqu'ils ne vous servent plus.

Activité suspecte

En cas d'activité suspecte de votre ordinateur, réinstallez votre système d'exploitation.

Celle-ci peut se caractériser par une baisse significative de l'autonomie de la batterie, des pop-ups qui apparaissent, un ralentissement anormal des performances de votre ordinateur, etc.

Pensez à sauvegarder vos données avant de réinstaller votre système d'exploitation.

Téléphone / Tablette

Scan anti-virus

Faites un scan antivirus complet de votre téléphone/tablette

Un scan complet est préférable à un scan rapide qui lui, ne fera qu'une analyse succincte.

Système à jour

Vérifiez la présence éventuelle de mises à jour de votre système d'exploitation ainsi que de vos applications.

Il est important d'utiliser un système à jour afin de bénéficier des derniers correctifs de sécurité ainsi que des dernières améliorations.

Code de déverrouillage

Il est recommandé de changer votre code PIN ainsi que votre code ou schéma de verrouillage dès votre retour.

Désinstallez les logiciels inutiles

Les logiciels sont consommateurs de ressources (ex : espace disque, mémoire, processeur) et sont surtout source de vulnérabilités, d'où l'importance de les désinstaller lorsqu'ils ne vous servent plus.

Activité suspecte

En cas d'activité suspecte de votre téléphone / tablette, réinstallez votre système (paramètres d'usine).
Celle-ci peut se caractériser par une baisse significative de l'autonomie de la batterie, des pop-ups qui apparaissent, un ralentissement anormal des performances de votre appareil, etc.
Pensez à sauvegarder vos données avant de réinstaller votre système.

En résumé

« Il vaut mieux prévenir que guérir », c'est ce que préconise ce guide dont les conseils et recommandations vous permettront de profiter de votre voyage en toute sérénité.

Bien se préparer et être avisé des risques est en effet la meilleure des parades aux cyber-attaques potentielles. Quitte à passer un brin pour paranoïaque, n'hésitez pas à multiplier les systèmes de protection et à mettre en pratique prudence et précaution.

Organisez-vous selon trois temps autour de votre voyage pour rester maître de la situation en toute circonstance :

Avant de partir, préparez votre matériel (installez les logiciels et applications utiles à la sécurité, sécurisez vos documents sensibles et ne prenez que le strict minimum, identifiez votre matériel et munissez-vous d'accessoires de protection...) et établissez un plan d'actions en cas d'urgence (prenez une assurance et une assistance pour vous et votre matériel, faites le nécessaire auprès des organismes et autorités, listez les numéros utiles...).

Voyez cette étape comme la préparation de votre valise, c'est une étape longue (les premières fois) mais indispensable afin de partir sans rien oublier.

Pendant le voyage, pensez sécurité (ne vous séparez pas de votre matériel, minimisez l'utilisation des réseaux publics, protégez vos connexions, économisez vos batteries...) et restez discret (ne déverrouillez pas vos appareils en public, naviguez en mode privé, n'enregistrez pas vos connexions, n'utilisez pas de matériel inconnu...).

Après le voyage, à votre retour, faites place nette (scannez vos appareils, réinitialisez-les, modifiez vos mots de passe, désinstallez les logiciels devenus inutiles,...) et surveillez vos comptes et transactions le temps de vérifier qu'il n'y a pas d'activité inhabituelle. Au moindre doute, n'hésitez pas à contacter votre banque ou le gestionnaire de vos comptes.

En tout état de cause, vous aurez tout à gagner à appliquer ces quelques règles qui vous permettront de minimiser les risques.

Indexe

Original Photographs

Decades of being around accomplished artists producing absolutely phenomenal quality work has taught that we are capable of greatness. It is possible to meet our destiny and become it. Experiencing excellence done with such apparent magical ease and humble selfless gratification is the inspiration for this original photography. It is an expression of freedom.

Being colorblind gives an advantage when composing black & white... less confusion. These images, selected from thousands of captures, show the lonely story of a hidden perspective. All photographs were framed in the camera and presented without edits, genuine as seen through the lens. RAW conversion applied by proprietary panchromatic process.

Limited fine art prints available from original files.

info@ BEACHNOISE.com

Joseph Fleming

0351

0531